云南名特药材种植技术丛书

白芨

Baiji

《云南名特药材种植技术丛书》编委会　编

云南科技出版社
·昆　明·

图书在版编目（CIP）数据

白芨 /《云南名特药材种植技术丛书》编委会编
. -- 昆明 : 云南科技出版社, 2013.7（2024. 6重印）
（云南名特药材种植技术丛书）
ISBN 978-7-5416-7278-1

Ⅰ. ①白… Ⅱ. ①云… Ⅲ. ①白芨—栽培技术 Ⅳ. ①S567.2

中国版本图书馆CIP数据核字（2013）第157889号

责任编辑： 唐坤红
洪丽春
封面设计： 余仲勋
责任校对： 叶水金
责任印制： 翟　苑

云南科技出版社出版发行
（昆明市环城西路609号云南新闻出版大楼　邮政编码：650034）
云南灵彩印务包装有限公司印刷　全国新华书店经销
开本：850mm × 1168mm　1/32　　印张：1.25　字数：31千字
2013 年 9 月第 1 版　　2024 年 6 月第 12 次印刷
定价：18.00元

《云南名特药材种植技术丛书》编委会

顾　问：朱兆云　金　航　杨生超
　　　　郭元靖

主　编：赵　仁　张金渝

编　委（按姓氏笔画）：

　　　　牛云壮　文国松　苏　豹
　　　　肖　鹏　陈军文　张金渝
　　　　杨天梅　赵　仁　赵振玲
　　　　徐绍忠　谭文红

本册编者：谭文红　尹子丽　冯德强
　　　　　张雅琼

序

彩云之南自然环境多样，地理气候独特，孕育着丰富多样的天然药物资源，“药材之乡”的美誉享于国内外。

云药资源优势转变为产业优势的发展特色突出，亦带动了生物产业的不断壮大。当下，野生药用资源日渐紧缺，采用人工繁育种植方式来满足医疗保健及产业可持续发展大势所趋。丛书选择了天麻、灯盏细辛、当归、石斛、木香、秦艽、续断等云南名特药材，特别是目前野生资源紧缺，市场需求较大的常用品种，以种植技术和优质种源为重点内容加以介绍，汇集种植生产第一线药农的实践经验，病虫害防治方法等，凝聚了科研人员的研究成果。该书采用浅显的语言进行了论述，通俗易懂。云南中医药学会名特药材种植专业委员会编辑成的该套丛书，对于云南中药材规范化、规模化种植具有一定指导意义，为改善和提高山区少数民族群众收入提供了一条重要的技术途径。愿本套丛书能够对推动我省中药种植生产事业发展有所收益，此序。

云南中医药学会名特药材种植专业委员会

名誉会长

前　言

绿色经济强省，生物资源是支撑。保持资源的可持续发展，是生态文明建设的前瞻性工作。云南省委、省政府历来高度重视生物医药发展，将生物医药产业作为云南特色支柱产业来重点发展。中药材种植是生物医药产业发展的源头，有言道："好山好水出好药""药材好，药才好"……。因地制宜，严格按照国家有关法规和科学技术指导规范种植，方能产出优质药材。基于云南生物资源开发现状考量，云南省中医药学会名特药材种植专业委员会汇集了云南药物研究所、云南农业科学院药用植物研究所、云南中医学院、云南农业大学等专家学者，整理并撰写了目前在云南省中药材种植生产中有一定基础与规模的20个品种中药材的种植技术，编辑出版本丛书，较大程度地适应了各地中药材种植发展的迫切需要。

云南地处北纬21°～29°，纬度较低，北回归线从南部通过，全年接受太阳辐射光热多，热量丰富；加之北高南低的地势，南部地区气温高积温多，北部地区气温低积温少；南北走向的山脉河谷，有利于南方湿热气流的深入，使南方热带动植物沿河谷北上。北部山脉又阻挡了西伯利亚寒冷气流的侵袭，北方的寒温带动植物沿山脊南下伸展。东面湿热地区的动植物又沿金沙江河谷和贵州高原进入，造成河谷地区炎热、坝区温暖、山区寒冷等特点。远离海洋不受台风的影响，大部分地区热量充足，雨量充沛。多种类型的气候生态环境，造就了云南自然风光无限，物奇候异，由此被人们美称为“植物王国”。

云南中草药资源十分丰富，药用植物种数居全国第一，在中药材种植方面也曾创造了多个全国第一。目前云南的中药材种植产业承担了云南全省乃至全国大部分中医药产品的原料供给。跨越式发展中药材种植产业方兴未艾，适应生物医药产业的可持续发展趋势尤显，丛书出版正当时宜。

本书编写时间仓促，编撰人员水平有限，疏漏错误之处，希望读者给予批评指正。

云南省中医药学会
名特药材种植专业委员会

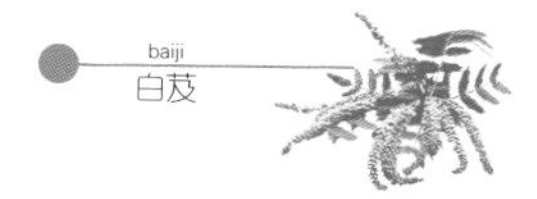

目　录

第一章 概 述

中药白芨为兰科白芨属植物白芨*Bletilla strata*（Thunb.）Reichb.f.的干燥块茎。收载于历版《中国药典》，也收载于《云南省药品标准》（1974和2005年版）及《新疆维吾尔自治区药品标准》（1980年版）、《内蒙古蒙药材标准》（1986）等省级药品标准，还是收载于《中华本草》等各种药书籍中的重要品种。具有收敛止血，消肿生肌功能，用于咯血，吐血，外伤出血，疮疡肿毒，皮肤皲裂。现代药理研究证实具有抗杆菌、真菌、治疗咳嗽等功效。中医临床和民间多用于阴虚咳嗽、肺热咳嗽、百日咳、肺结核咳嗽以及其他难治性咳嗽等症的重要药物，对治疗鼻窦炎也有疗效。

一、历史沿革

白芨始载于《神农本草经》，列为下品。《吴普本草》载："茎叶如生姜、藜芦。十月花，直上，紫赤，根白（相）连。"《本草经集注》曰："叶似杜若，根形似菱米，节间有毛……可以作糊。"《蜀本草》引《图经》曰："叶似初生栟榈及藜芦。茎端生一台，四月开生紫花。七月实熟，黄黑色。冬凋。根似菱，三角，白色，角头生芽。今出申州，二月、八月采根用。”《纲目》曰“一科止抽一茎，开花长寸许，红紫色，中心如舌，其根如菱米，有脐，如凫茈之脐，又如扁扁螺旋纹，性难干。”根据各家本草对植物形态、药材性状的描述及《本草图经》和《本草纲目》的附图考证，与现今所用的白芨相符，是历代中医药常用的重要药物。

二、资源情况

在我国，野生白芨主要分布于北起江苏、河南，南至台湾，东起浙江，西至西藏东南部，云南是其重要产区。虽然白芨分布于我国南方的大部分地区，但是随着白芨开发研究的深入，中药制剂原料用量日渐增加，目前我国白芨资源十分紧缺，目前白芨生产主要依靠野生。难以满足规模化生产的需求。虽然有的地区开始了白芨的人工栽培，但由于技术等原因，还没有形成较大规模种植。综合对我国白芨栽培种植、经营销售企业信息和药用市场价格等进行调查分析，结果显示过度采挖和生境破坏导致白芨野生资源量急剧下降。随着白芨应用领域的不断拓展，市场不断扩大，供求间的矛盾也日渐凸显。

目前，我国白芨的栽种规模并不大，而且所有栽培企业或农户的实际栽培年数都较短，与此同时，白芨伪品也开始充斥市场，市场上很多白芨球茎都为春夏季采

挖晒干而得，缩水严重，内含物较少，药效成分较低。连年的狂采滥挖，越挖越少。再加上自然灾害的影响，使野生白芨产量急剧下降，供需矛盾日益扩大，资源日趋于短缺。1992~2004年白芨价格上升缓慢，而2006年后价格出现快速增长，2009年下半年至今则出现暴涨，致使目前市场价到达每公斤300元左右。白芨是具有重大种植攻关研究潜力而又需要继续努力的品种，解决种植各个环节关键技术，才能提高质量产量；白芨应该是具有巨大市场开发应用价值的品种。

三、分布情况

白芨分布于华东、中南、西南及河北、山西、陕西、甘肃、台湾等地。主产于云南、贵州、四川、湖南、湖北、安徽、河南、浙江、陕西。此外，江西、甘肃、广西、江苏等地也产。现以贵州、云南产量最大，质量较好，销往全国并出口。

四、发展情况

白芨是资源紧缺中药材，又是中医临床用药和中药制剂常用品种，长期药用来源一直依靠野生资源。白芨生态环境要求十分严格，生态环境一旦遭到破坏，野生资源迅速减少，以致药材蕴藏量急剧下降，导致市场价格不断上涨。为了满足市场需求，实现白芨资源的可持续利用，需要进行重点科研攻关，进行规范化、规模化种植栽培试验是当务之急。可喜的是丽江、文山、红河等地一批有识之士开始了种植栽培试验，也取得了试验性阶段成果。目前，白芨主要还是以块茎繁育（无性繁育）为主，种植繁育速度相当缓慢，生长期又很长。根据生长习性，若采用种子催芽育苗繁育技术，生产大批量健壮种苗，并进行白芨优质种源的规范化规模化种植栽培生产，可向市场提供优质批量白芨商品，以满足中医临床与民间用药和中药制剂产业化发展的需求。

经研究白芨的化学成分主要是联苄类、菲类、联菲醚类白芨胺等化合物；白芨胶主要含有大量的多糖成分，具有广泛的药理活性。近年来已引起国内外医药界的重视，尤其在制剂开发方面已取得了一定的进展，利用白芨多糖独特的理化性质，如易形成凝胶、高渗透压、高黏度和吸水性，被研制成白芨多糖微球、动脉栓塞以及成膜材料；认为白芨胶集载体、导向、栓塞、缓释、治疗于一身，具有很大的研究开发价值。

第二章　分类与形态特征

一、植物形态特征

白芨为多年生草本，高15～70cm。根茎（或称假鳞茎）三角状扁球形或不规则菱形，肉质，肥厚，富黏性，常数个相连。茎直立。叶片3～5枚，披针形或宽披针形，长8～30cm，宽1.5～4cm，先端渐尖，基部下延成长鞘状，全缘。总状花序顶生，花3～8朵，花序轴长4～12cm；苞片披针形，长1.5～2.5cm，早落；花紫色或淡红色，直径3～4cm；萼片和花瓣等长，狭长圆形，长2.8～3cm；唇瓣倒卵形，长2.3～2.8cm，白色或具紫纹，上部3裂，中裂片边缘有波状齿，先端内凹，中央具5条褶片，侧裂片直立，合抱蕊柱，稍伸向中裂片，但不及中裂片的一半；雄蕊与雌蕊合为蕊柱，两侧有狭翅，在柱头顶端着生1雄蕊，花药块

图2-1　白芨的植物形态

图2-2　白芨的苗

图2-3　白芨的花

图2-4　白芨新发的芽

图2-5　新采挖的白芨

4对，扁而长；子房下位，圆柱状，扭曲。蒴果圆柱形，长3.5cm，直径约1cm，两端稍尖，具6纵棱。花期4 ~ 5月。果期7 ~ 9月。（见图2–1~图2–5）

二、植物学分类检索

表2–1 分种检索表

1. 唇瓣不裂或不明显的3裂；唇盘上面具3条纵脊状褶片；褶片具流苏状的细锯齿或流苏 … 1.小白芨*B. sinensis*（Rolfe）Schlecht.

1.唇瓣明显的3裂；唇盘上面具5条纵脊状褶片；褶片波状。

2.萼片和花瓣黄白色，或其背面为黄绿色，内面为黄白色，罕为近白色，长18~23mm；唇瓣的侧裂片先端钝，几乎不伸至中裂片旁；唇盘上面5条纵脊状褶片仅在唇瓣的中裂片上面为波状；叶长圆状披针形 …… 4.黄花白芨*B. ochracea* Schltr.

2.萼片和花瓣紫红色或粉红色，罕为白色；唇瓣的侧裂片先端尖或稍尖，伸至中裂片旁。

3.花小，萼片和花瓣的长约为15~21mm；唇瓣的中裂片边缘微波状，先端中央常不凹缺；唇盘上面的5条纵的脊状褶片从基部至中裂片上面均为波状；叶宽窄变异较大，但多较狭窄，线状披针形 ……………………………………………… 2.台湾白芨*B. formosana*（Hayata） Schlecht.

3.花大，萼片和花瓣的长均为25~30mm；唇瓣的中裂片边缘具波状齿，先端中央凹缺；唇盘上面的5条脊状褶片仅在中裂片上面为波状；叶常较宽，长圆状披针形或狭长圆形 ……………………………3.白芨*B. striata*（Thunb.） Reichb.f.

其他种近似种与白芨植物形态主要区别点如下：

黄花白芨（*Bletilla ochracea* Schltr.）：黄花白芨与白芨在植物形态上近似，但花为淡黄色；叶条状披针形，宽通常不到2.5cm（见图2-6）。

图2-6　黄花白芨的植物形态

台湾白芨（*Bletilla formosana*（Hayata）Schlecht.)：植株高15~50cm。假鳞茎扁卵球形，较小，上面具荸荠似的环带，富黏性（见图2-7）。茎纤细或较粗壮，具3~5枚叶。叶一般较狭，通常线状披针形、狭披针形至狭长圆形，长6~20（~40）cm，宽5~10（20~45）mm，先端渐尖，基部收狭成鞘并抱茎。总状花序具（1）2~6朵花；花序轴或多或少呈“之”字状曲折；花苞片长圆状披针形，长1~1.3cm，先端渐尖，开花时凋落；子房圆柱形，扭转，长8~12mm；花较小，淡紫色或粉红色，罕白色；萼片和花

图2-7　台湾白芨的新鲜假鳞茎

瓣狭长圆形，长15~21mm，宽4~6. 5mm，近等大；萼片先端近急尖；花瓣先端稍钝；唇瓣椭圆形，长15~18mm，宽8~9mm，中部以上3裂；侧裂片直立，斜的半圆形，围抱蕊柱，先端稍尖或急尖，常伸达中裂片的1/3以上；中裂片近圆形或近倒卵形，长4~5mm，宽4~5mm，边缘微波状，先端钝圆，罕略凹缺；唇盘上具5条纵脊状褶片；褶片从基部至中裂片上面均为波状；蕊柱长12~13mm，柱状，具狭翅，稍弓曲。花期4~5（~6）月。

红花小独蒜（*Anthogonium gracile* Wall. Ex Lindl）：假茎（花葶）纤细，圆柱形，高3~22cm。假鳞茎近球形。叶2~5枚。叶片狭椭圆形，长7~37cm，宽3.5cm，先端渐尖，基部收窄为短柄。花葶侧生于假鳞茎上，通常不分枝；总状花序具多数花；花下倾，玫瑰色带紫色斑点；花被片长1.6cm，萼片下部合生成筒状，中萼片长圆形，侧萼片镰刀状；花瓣匙形，藏于萼筒内，先端钝；唇瓣3裂，侧裂片与中裂片近等长，先端钝；合蕊柱细长；花粉块4；子房垂直于萼囊（见图2-8、图2-9）。

图2-8 红花小独蒜的植物形态 图2-9 红花小独蒜的新鲜假鳞茎

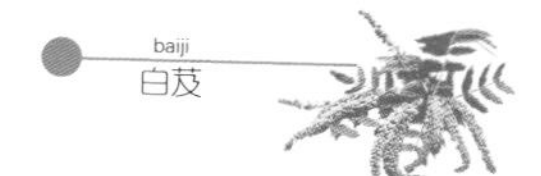

小白芨（*Bletilla sinensis*（Rolfe）Schlecht.）：植株高15~18cm。假鳞茎近球形，直径1~1.5cm。茎直立，粗壮。叶2~3枚，基生，披针形或椭圆状披针形，长5~11cm，宽0.6~2.6cm，先端急尖或渐尖，基部收狭成鞘并抱茎。花葶从叶丛中伸出，纤细，直立，长10~15cm，具2~3朵花；花苞片长圆状披针形，长5~8mm，先端急尖，较子房稍短或与子房近等长，开花时常凋落；子房细圆柱形，扭转，长7~9mm；花小，淡紫色，或萼片与花瓣白色，先端为紫色；萼片线状披针形，长11~13mm，宽约3mm，先端近急尖；花瓣披针形，长11~13mm，宽约3mm，先端急尖；唇瓣白色，长椭圆形，具细斑点，先端紫色，长11~13mm，宽5~6mm，近基部渐狭，凹陷成舟状，前部渐狭、不裂或突然收狭而呈不明显的3裂，边缘具流苏状的细锯齿；唇盘上面具3条纵脊状褶片；褶片具流苏状的细锯齿或流苏；蕊柱棒状，长8~9mm；花期6月。

三、药材的性状特征

药材性状：白芨药材呈不规则扁圆形，长1.5~5cm，厚0.5~1.5cm。多具2~3个爪状分枝，表面米黄色，有环状纹路和须根，多数有一突起的茎痕、质坚硬，断面角质状，类白色，嚼之有黏性。白芨饮片为不规则薄片，类白色，半透明、角质状（见图2-10~图2-13）。

粉末特征：白芨粉末淡黄白色。表皮细胞表面观垂

图2-10　白芨的新鲜药材

图2-11　新采挖的白芨药材

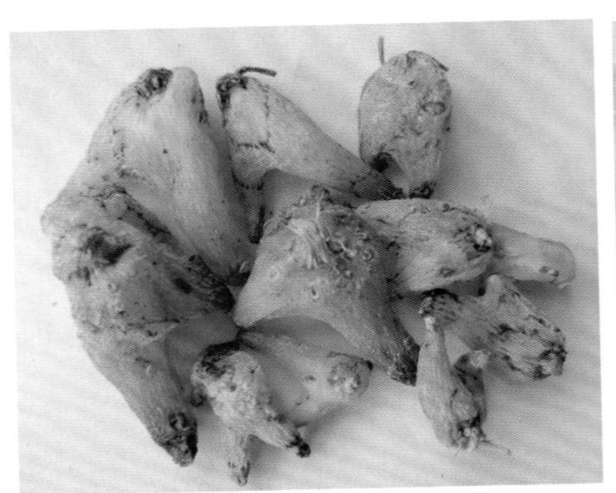

图2-12　白芨药材

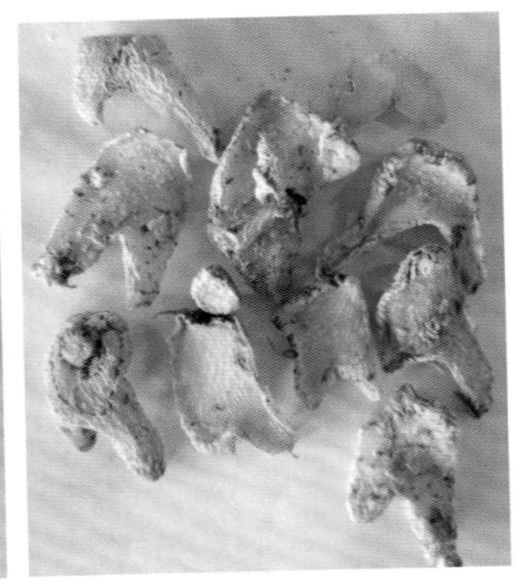

图2-13　白芨饮片

周壁波状弯曲，略增厚，木化，孔沟明显。草酸钙针晶束存在于大的类圆形黏液细胞中，或随处散在，针晶长18～88μm。纤维成束，直径11～30μm，壁木化，具人字形或椭圆形纹孔；含硅质块细胞小，位于纤维周围，排列纵行。梯纹导管、具缘纹孔导管及螺纹导管直径

10～32μm。糊化淀粉粒团块无色。

白芨饮片：呈不规则的薄片。外表皮灰白色或黄白色。切面类白色，角质样，半透明，维管束小点状，散生。质脆。气微，味苦，嚼之有黏性。

其他品种：

黄花白芨假鳞茎为扁斜卵形，易与正品白芨区别。

小白芨呈不规则扁圆形，瘦小干枯，长1.5~3.5cm，厚0.5~0.8cm，表面呈红棕色，有细密的皱纹及纵纹，断面略呈角质状。

图2–14　市场上白芨的伪品之一（新鲜品）

第三章　生物学特性

一、白芨的生长发育习性

白芨属为多年地生植物，茎基部具膨大的假鳞茎，其近旁常具多枚前一年和以前残留的扁球形或扁卵圆形的假鳞茎，以此作为药用部位。定植第一年地上部分生长叶、茎、开花结果，第二年后从新发芽继续生长，每年地下假块茎仅长1～2歧。每年均有一个生长周期，白芨从早春3月份气温回升到14～16℃时开始生长，在雨水充足、夏季高温前地上部分生长进入高峰期，进入高温干旱季节生长缓慢。到了秋末地上部分开始枯萎落叶，进入 12月份后，将进入完全休眠期状态。一般叶茂块茎亦旺，在一定的年限内，假鳞茎的个数和重量近成倍的增长，白芨第一年生植株即可开花，5～6月为盛花期，7～9月果实成熟。种子非常细小，种子千粒重0.0056克。白芨虽然能产生大量的种子（ 每个果荚10万～30万粒），但是白芨种子没有胚乳，在自然条件下不能正常萌发。在自然状态下白芨靠一分为二式分株繁殖，形成产品需要10年左右甚至更长时间。

二、对土壤及养分的要求

白芨在生长发育过程中，要求土壤含水量25%～30%，水分过多，往往引起块茎及根系腐烂甚至全株死亡。有些产区在较干旱的山坡或山顶种植，虽能生长，但产量不高。在年平均降雨量1200毫米左右，相对湿度75%～85%的地区，生长发育良好。白芨是浅根性的药用植物，其块茎在土中10～15cm以上，故要求土层厚度30cm左右，具有一定肥力，含钾和有机质较多的微酸性至中性土壤，有利于白芨块茎生长，产量高。土层瘦薄，易于板结的土壤，块茎生长不正常，呈干瘪细小状态，产量低。过于肥沃的稻田土，含氮量过多的土壤，会引起白芨地上部分徒长，其块茎反而长得很小，产量也不高。

三、对气候要求

白芨在生长发育过程中，喜较阴凉湿润气候，怕严寒，年平均气温在14.6℃，生长旺盛，低于12.5℃时生长不良。在0℃时和遇到低温霜冻时，常导致白芨块茎冻伤或冻死。以后随着植株年龄的增长要求较充足阳光与水分条件逐年提高，喜生于潮湿而又利水沟谷溪边或沟谷坡地，有一定遮阴度，透光条件较好灌丛草地。

最适宜区：包括滇西北及滇西，即玉龙、古城、维西、香格里拉、宁蒗、大理、剑川、鹤庆、漾濞、贡山、兰坪等县。海拔1200~2800m的沟谷坡地，白芨生长发育所需要的光、温、热、水、肥以及土质均能得到满足。

次适宜区：包括全省大部分热带和亚热带光、温、热、水、肥以及土质均能得到满足白芨生长要求区域都有白芨资源分布。

第四章　栽培管理

一、选地、整地

白芨喜温暖、阴凉和较阴湿的环境，不耐寒。常常野生在丘陵和低山地区的溪河两岸、山坡草丛中及疏林下。故应选择肥沃、疏松而排水良好的砂质壤土或腐殖质壤土栽培，要求栽培在阴坡或较阴湿的地块。

前一季作物收获后，翻耕土壤20cm以上，每亩施入腐熟厩肥或堆肥1500～2000kg，翻入土中作基肥。在栽种前，再浅耕1次，然后整细耙平，四周开好排水沟。选开荒地种植时宜先将砍后的树枝、落叶、杂草铺于地表，晾晒后放火烧土，然后再翻耕作畦。

二、选种与种植

在生产上，白芨主要用其块茎繁殖。亦可有性（种子）繁殖，但以鳞茎繁殖为主。因种子繁殖发芽率低，需种量大，来源有限，特别是生产周期长，产量又低，经济效益差，故目前生产上很少采用。

鳞茎繁殖：一般在9～10月份收获时，选择当年生具有老茎和嫩芽、无虫蛀、无采挖伤者作种植材料，随挖随栽。在整好的地上开宽1m左右、高30cm左右的厢，按行距约30cm、窝距30cm左右挖窝，窝深10cm左右，窝底要平。将具嫩芽的块茎分切成小块，每块需有芽1～2个，每窝栽种鳞茎3个，平摆窝底，各个茎秆靠近，芽嘴向外，成三角形错开。栽后覆细肥土或火灰土，浇一次腐熟稀薄人畜粪水，然后盖土与厢面齐平。也可于早春2月结合采收时进行种植。

三、田间管理

1. 中耕除草

白芨植株矮小，压不住杂草，故要注意中耕除草，一般每年4次。第一次在3～4月出苗后；第二次在6月生长旺盛时，因此时杂草生长快，白芨幼苗又矮小，要及时除尽杂草，避免草荒；第三次在8～9月；第四次结合收获间作作物时，浅锄厢面，铲除杂草。中耕都要浅锄，杂草用人工拔除以免伤芽伤根。

2. 水分管理

白芨喜阴湿环境，栽培地要经常保持湿润，遇天气干旱及时浇水。干旱时，早晚各浇一次水。白芨又怕涝，雨季或每次大雨后及时疏沟排除多余的积水，避免烂根。

3. 追肥

白芨喜肥，应结合中耕除草，每年追肥3～4次。第一次在3～4月齐苗后，每亩施硫酸铵4～5kg，兑腐熟清

淡粪水施用；第二次在5～6月生长旺盛期，每亩施过磷酸钙30～40kg，拌充分沤熟后的堆肥，撒施在厢面上，中耕混入土中；第三次在8～9月，每亩施入腐熟人畜粪水拌土杂肥2000～2500kg。

4. 与其他作物间作

白芨植株矮小，生长慢，栽培年限较长，可在头两年在行间间种短期作物，如萝卜、青菜等，以充分利用土地，增加收益。所谓间作就是指在同一块田地中在同一生长季节内，分行或分带相间种植两种以上作物的种植方式。比如在白芨种植地间墒垄、沟面种植玉米、高粱等高秆作物，可在其株、行垄上间作穿心莲、菘蓝、补骨脂、半夏等。

5. 温、湿度管理

白芨喜欢略微湿润的气候环境，要求生长环境的空气相对温度在50%～70% 之间；白芨喜欢温暖气候，但夏季高温、闷热（35℃以上，空气相对湿度在80% 以上）的环境不利于它的生长；对冬季温度要求很严，当环境温度在10℃以下停止生长，在霜冻出现时不能安全越冬 。

当环境温度在3℃以下时，正确的处理方法是：用薄膜盖起来越冬，但要每隔两天就要在中午温度较高时把薄膜揭开让它透气。

6. 光照管理

在夏季的高温时节（白天温度在35℃以上），如果它被放在直射阳光下养护，就会生长十分缓慢或进入半休眠的状态，并且叶片也会受到灼伤而慢慢地变黄、脱落。因此，在炎热的夏季要给它遮掉大约50%的阳光。

在春、秋、冬三季，由于温度不是很高，就要给予它直射阳光的照射，以利于它进行光合作用。

第五章　农药、肥料使用及病虫害防治

一、农药使用准则

在白芨的种植过程中使用农药，应从整个生态系统出发，综合运用各种防治措施，创造不利于病虫害滋生而有利于各类天敌繁衍的环境条件，保持整个生态系统的平衡和生物多样化，减少各类病虫害所造成的损失。优先采用农业生物科技措施，通过认真选地、培育壮苗、非化学药剂种子处理、加强栽培管理、中耕除草、深翻晒土、清洁田园、轮作倒茬等一系列措施起到防治病虫害的作用。特殊情况下必须使用农药时，应严格遵守以下准则。

（1）允许使用植物源农药、动物源农药、微生物源农药和矿物源农药中的硫制剂、铜制剂。

（2）严格禁止使用剧毒、高毒、高残留或者具有三致（致癌、致畸、致突变）农药。

（3）允许有限度地使用部分有机合成化学农药。

（4）提倡交替使用有机合成化学农药。

（5）不能使用“中药材GAP生产”中禁止使用的农药，详细清单种类如表5-1：

表5-1 “中药材GAP生产”中禁止使用的农药

种类	农药名称	禁用原因
有机氯杀虫剂	滴滴涕、六六六、林丹、艾氏剂、狄氏剂	高残留
有机砷杀虫剂	甲基砷酸锌（稻脚青）、甲基砷酸钙胂（稻宁）、甲基砷酸铁铵（田安）、福美甲砷、福美砷	高残留
有机汞杀菌剂	氯化乙基汞（西力生）、醋酸苯汞（塞力散）	剧毒、高残留
卤代烷类熏蒸杀虫剂	二溴乙烷、环氧乙烷、二溴氯丙烷、溴甲烷	高毒、致癌、致畸
无机砷杀虫剂	砷酸钙、砷酸铅	高毒
有机磷杀虫剂	甲拌磷、乙拌磷、久效磷、对硫磷、甲基对硫磷、甲胺磷、甲基异柳磷、治螟磷、地虫硫磷、氧化乐果、磷胺、灭克磷（益收宝）、水胺硫磷、氯唑磷、硫线磷、杀扑磷、特丁硫磷、克线丹、苯线磷、甲基硫环磷	剧毒、高毒
氨基甲酸酯杀虫剂	涕灭威、克百威、灭多威、丁硫g百威、丙硫克百威	高毒、剧毒或代谢高毒
二甲基甲脒类杀虫螨剂	杀虫脒	慢性毒性、致癌
氟制剂	氟化钙、氟化钠、氟乙酸钠、氟铝酸铵、氟硅酸钠	易产生药害
有机氯杀螨剂	三氯杀螨醇	产品含滴滴涕
有机磷杀菌剂	稻瘟净、导稻瘟净	高毒
取代苯类杀菌剂	五氯硝基苯、稻瘟醇（五氯苯甲醇）	致癌、高残留

二、肥料使用准则

贵重药材种植应提倡多使用有机肥料（农家肥）谨慎使用无机肥料（化肥），因为化肥都是由各种不同的盐类组成，长期大量或不当施用这些由盐类组成的肥料，就会增加土壤溶液的盐类浓度而产生不同大小的渗透压，作物根细胞不但不能从土壤溶液中吸水，反而将细胞质中的水分倒流入土壤溶液，就导致作物受害；还会造成土壤、环境、空气的污染，加速了耕地、水等农业之本的"折旧"，还严重威胁到药品安全。在中药材种植中要严格遵守中华人民共和国农业行业标准NY/T2010《合理使用肥料准则通则》有关规定与使用方法。

白芨喜肥，生育期间，每半个月追施1次稀薄的人畜粪水，每亩1500～2000公斤。8～9月追以稍浓的液肥，亦可施用过磷酸钙与堆肥混合沤制后，撒施于畦面，结合第3次中耕除草，盖土压入畦内。

三、病虫害防治

目前，在白芨种植上未发现病害，只发现主要的虫害是地下害虫小地老虎*Agrotis ypsilon*（Roffemberg）。

1. 为害症状

以幼虫咬食或咬断白芨幼苗及嫩芽，造成缺窝断行，影响白芨产量。

2. 发生规律

一年发生3～4代，以幼虫和蛹越冬。3～4月为成虫发蛾盛期。4～5月为第一代幼虫为害最重时期。以后为害逐渐减轻。

3. 防治方法

（1）在越冬代成虫盛发期采用灯光或糖醋液诱杀成虫。

（2）为害严重的地块，可采取人工捕捉。

（3）用90%晶体敌百虫0.5kg，加水2.5～5kg，拌蔬菜叶或鲜草50kg制成毒饵，每亩用毒饵10kg进行诱杀幼虫。

（4）用80%敌百虫可湿性粉剂800倍液或50%辛硫磷乳油1000倍液灌根。

第六章　采收及初加工

一、采收期

通常于鳞茎繁殖栽种后第四年便可采挖。采收季节为秋末冬初，采挖时用平铲或小锄细心地将鳞茎连土一起挖出，摘去须根，除掉地上茎叶，抖掉泥土。

二、初加工

将采挖的块茎，折成单个，用水洗去泥土，除去须根粗皮，个子或趁鲜切片后置开水锅内煮或烫至内无白心时，取出，冷却，去掉须根，晒或烘至5～6成干时，适当堆放使其里面水分逐渐析出至表面，继续晒或烘至全干。放撞笼里，撞去未尽粗皮与须根，使成光滑、洁白的半透明体，筛去灰渣即可；也可趁鲜切片，干燥即得，但本法加工的白芨片色泽不如前法。

三、质量规格

1.白芨

白芨以个大，饱满，色白半透明，质坚实，味苦，嚼之有黏性者为佳。

2.白芨片

以片子色白、半透明胶质样，片子厚约1~3mm，片子光整，碎屑少，个小较均匀，质坚实，味苦，嚼之有黏性者为佳。

质量要求：按《中国药典》2010年版一部要求，总灰分不得超过5.0%，酸不溶性灰分不得过1.5%，水分不得过15.0%。

四、包装、贮藏与运输

包装：所使用的包装袋要清洁、干燥，无污染，无破损，符合药材包装质量的有关要求。在每件货物上要标明品名、规格、产地、批号、包装日期等，并附有质量合格标志。

贮藏：仓库要通风、阴凉、避光、干燥，有条件时要安装空调与除湿设备，气温应保持在30℃以内，包装应密闭，要有防鼠、防虫措施，地面要整洁。存放的条件，符合《药品经营质量管理规范（GSP）》要求。

运输：进行批量运输时应不与其他有毒、有害，易串味物质混装，运载容器要有较好的通气性，保持干燥，并应有防潮措施。

第七章　应用价值

一、药用价值

白芨的性味归经为“味苦、甘、涩，性微寒。归肺、胃经。”其功能主治为“收敛止血，消肿生肌。用于咳血吐血，外伤出血，疮疡肿毒，皮肤皲裂；肺结核咳血，溃疡病出血。”

白芨为止血、抗杆菌、真菌、治疗咳嗽的良药。对阴虚咳嗽、肺热咳嗽、百日咳、肺结核咳嗽以及其他难治性咳嗽都有良好止咳作用，对治疗鼻窦炎也有疗效。

白芨富含淀粉、葡萄糖、挥发油、黏液质等，外用涂擦，可消除脸上痤疮瘢下的痕迹，让肌肤光滑无痕；外敷治创伤出血、痈肿、烫伤、疔疮等。

白芨的药理作用

（1）止血作用：白芨能增强血小板第三因子活性，显著缩短凝血时间及凝血酶原形成时间，抑制纤维蛋白溶酶活性，对局部出血有止血作用；动物实验表明，白芨水浸出物对实质性器官（肝、脾）、肌肉血管出血等外用止血效果颇好。

（2）保护胃黏膜：1%白芨煎剂灌胃，对盐酸引起的大鼠胃黏膜损伤有保护作用；对麻醉犬实验性胃、十二指肠穿孔具有治疗作用。

（3）抗菌、抗真菌作用：白芨乙醇浸液对金黄色葡萄球菌、枯草杆菌、人型结核杆菌有抑制作用；水浸剂对奥杜盎小孢子菌有抑制作用；白芨所含有的3个联苯类和2个双氢菲类化合物对金黄色葡萄球菌、枯草杆菌、白色念珠菌ATCC1057及发癣菌QM248有抑制作用。

（4）抗癌及防癌作用：白芨黏液质部分（主要是多糖成分）腹腔注射对大鼠瓦克癌（W256）、小鼠子宫颈癌（U14）、小鼠艾氏腹水癌实体型均有抑制作用；对小鼠肝癌、肉瘤180也有抑制作用. 白芨注射液对大鼠二甲氨基偶氮苯（DAB）诱发肝癌有明显抑制作用。

二、经济价值

（1）白芨是一味收敛止血的中药，其胶液质黏无毒，是优良的天然高分子成膜材料。以甲壳胺和白芨胶为成膜材料，按不同比例混合制备甲硝唑药膜。药膜柔软透明，有一定的强度，调整膜材料配比可改变载药膜的缓释性能。膜剂是近年来国内外研究和应用进展很快的剂型，一些膜剂尤其是鼻腔、皮肤用药膜亦可起到全身作用。黎国梓等研制的复方养阴生肌双层膜，面层（速释层）以白芨胶为成膜材料，该膜在体液中溶化快，具有速效作用。

（2）血液代用品：以白芨黏胶质部分制成白芨代血

浆，经动物实验对失血性休克具有一定疗效，与右旋糖酐有相似的作用。临床试用有维持血容量及提高血压的作用。未发现抗原性，亦无明显副作用，无热原反应，对肝肾功能、血象、出血时间、凝血时间均无影响。

（3）除了在医药方面的应用，白芨由于其无不良反应，特别适合作为天然化妆品的功能组分，发展以中药白芨为化妆品原料的天然功能组分具有很大的市场潜力。在工业方面，白芨是高级卷烟烟条黏合剂，野山参断须修复剂，装裱中国字画黏合剂，胃镜检查的保护剂，美容面膜等。随着研究的不断深入及应用的不断成熟，白芨在食品方面也已经展现出广阔的应用前景。

参考文献

1 国家中医药管理局《中华本草》编委会.中华本草（第8册）［M］.上海：上海科学技术出版社，1999：674.

2 中国科学院中国植物志编辑委员会.中国植物志（第19卷）［M］.北京：科学出版社，1977：47~50.

3 李伟平，何良艳，丁志山.白芨的应用及资源状况，中华中医药学刊［J］.2012，1：158~160.

4 中华人民共和国药典（2010年版第一部）［M］. 北京：中国医药科技出版社，2010：95.

5 云南省药材公司. 云南中药资源名录［M］. 北京：科学出版社，1993：407.